DAS PANTHERCHAMÄLEON

FURCIFER PARDALIS

David Hellendrung

Männchen aus Ambilobe-Sirama

Inhalt

Bildnachweis (Alle nicht anders gekennzeichneten Bilder stammen vom Autor):
Titel: Männliches Pantherchamäleon der Lokalform Ambilobe
Kleines Bild: *Furcifer pardalis* aus Tamatave Foto: T. Negro
Seite 1: *Furcifer-pardalis*-Männchen aus Antalaha Foto: T. Negro

ISBN: 978-3-86659-230-8

3., aktualisierte Auflage 2026

An der Kleimannbrücke 39/41
48157 Münster
www.ms-verlag.de

Geschäftsführung: Matthias Schmidt
Lektorat: Mike Zawadzki
Layout: Mirko Barts, GeitjeBooks Berlin
Druck: WmD, Backnang

Vorwort

CHAMÄLEONS üben auf den Menschen schon seit jeher eine große Faszination aus. Und so verwundert es nicht, dass es bereits zu Beginn des 20. Jahrhunderts Versuche gegeben hat, diese eigentümlichen Reptilien in Menschenobhut zu halten. Der Erfolg war jedoch stets von kurzer Dauer, sodass diese Tiere lange Zeit als nicht haltbar galten. Mit dem stetig wachsenden Wissen um die Haltungsansprüche sowie der Entwicklung neuer Techniken in der Terraristik und einem mittlerweile großen Angebot an Futtertieren und lebenswichtigen Zusatzstoffen hat sich diese Ausgangssituation gewandelt. Dies lässt sich u. a. durch die hohe Anzahl der in Menschenobhut nachgezogenen Chamäleons und deren hohe Lebensdauer belegen. Vor allem aber der regelmäßige Wissensaustausch privater Halter sowie ein stetig wachsendes Literaturangebot tragen zu einer immer besseren und erfolgreicheren Pflege und Haltung dieser Reptilien bei. Auch sollte nicht unerwähnt bleiben, dass sich in den letzten Jahren die Wissenschaft der Herpetologie einer immer größer werdenden Beliebtheit erfreut. Die Ergebnisse zahlreicher biologischer, ökologischer und molekularer Untersuchungen kommen schlussendlich auch dem privaten Halter und seinen Pfleglingen zugute.

Auch das Internet bietet zahlreiche interessante Chamäleon-Seiten mit einem großen Fundus an Wissen. Leider findet man dort jedoch auch viele zweifelhafte Aussagen, und gerade für Einsteiger, aber häufig auch erfahrene Terrarianer, ist es nicht immer möglich, diese zu erkennen und lediglich die nützlichen Informationen herauszufiltern.

In dem vorliegenden Buch habe ich meine Erfahrungen bezüglich Haltung, Pflege und Nachzucht des Pantherchamäleons, eines der wohl beliebtesten und farbenprächtigsten Chamäleons überhaupt, zusammengetragen. Auch ein Blick auf den Lebensraum und die natürliche Lebensweise dieses beeindruckenden Reptils hilft, es artgerecht und erfolgreich im Terrarium zu pflegen und seine Verhaltensweisen zu verstehen.

David Hellendrung

Farbvariante aus Maroantsetra
Foto: T. Negro.

Beschreibung

CHAMÄLEONS weisen einige Besonderheiten innerhalb der Reptilien auf. Dazu zählen die unabhängig voneinander beweglichen Augen, die kuppelartig hervorstehen und mit einer Lidhaut bedeckt sind. Sie ermöglichen den Tieren einen nahezu vollständigen Rundumblick, ohne dabei den Kopf bewegen zu müssen. Hör- und Geruchssinn wurden im Laufe der Evolution zugunsten der hervorragenden Sehstärke zurückgebildet. Chamäleons sind in der Lage, Farben sehr gut zu erkennen (MÜLLER et al. 2004). Voraussetzung hierfür ist eine sehr große Helligkeit, weshalb die richtige Ausleuchtung des Terrariums eine wichtige Rolle spielt.

Die Augen eines Chamäleons ermöglichen einen perfekten Rundumblick, ohne dass der Kopf bewegt werden muss

Der einzigartige Zungenschussmechanismus ist ein weiteres Charakteristikum dieser Familie. Durch ein komplexes Zusammenspiel von Zungenbein und Muskulatur wird die mehr als körperlange Zunge mit einer Geschwindigkeit von über 20 km/h aus dem Maul geschleudert (STEEGEMANN 2000b). Kurz vor dem Auftreffen auf die Beute wird die deutlich verdickte Zungenspitze durch einen eigenen Muskel so verformt, dass sie eine „saugnapfähnliche" Wölbung bildet. Dies ermöglicht sogar das „Schießen" von Wassertropfen.

Die Füße sind perfekt an die kletternde Lebensweise angepasst und weisen jeweils fünf Zehen auf, wobei an den Vorderextremitäten jeweils die zwei äußeren und die drei inneren Zehen miteinander verwachsen sind. An den Hinterbeinen verhält es sich genau umgekehrt: Hier sind jeweils die drei äußeren Zehen sowie die zwei inneren miteinander verwachsen. Zusätzlich unterstützt der Greifschwanz das Festhalten bzw. Klettern, und spezielle Haftstrukturen (ähnlich den Haftlamellen der Geckos) unter den Fußsohlen und der Schwanzunterseite verstärken den Halt. Der Schwanz der Chamäleons kann nicht, wie beispielsweise bei Eidechsen oder Geckos, abgeworfen oder regeneriert werden.

Eine weitere interessante Eigenschaft der Chamäleons ist das ausgeprägte Farbwechselvermögen. Beim Pantherchamäleon zeigen nur die Männchen eine breite Farbpalette, die bei den verschiedenen Lokalmorphen unterschiedlich ausfällt. Das Spektrum der Weibchen beschränkt sich meist auf die Farben Braun, Rosé, Weiß oder Schwarz. Bei Stress- oder Trächtigkeitsfärbung kommen noch die Signalfarben Rot und Orange hinzu. Das Repertoire aus verschiedenen Farben und Mustern hat unterschiedliche Aufgaben und Funktionen: Es dient sowohl der Tarnung vor Beutetieren und Fressfeinden als auch der inner- und außerart-

Die Füße und der Schwanz verhelfen zu einem sicheren Halt bei der arborealen Lebensweise der Tiere

lichen Kommunikation sowie dem Anzeigen des Gemüts-, Gesundheits- und Ernährungszustandes. Weiterhin wird das Farbkleid auch durch äußere Faktoren wie Tages- und Jahreszeit, Beleuchtungsintensität sowie durch das Alter beeinflusst. Die Farben

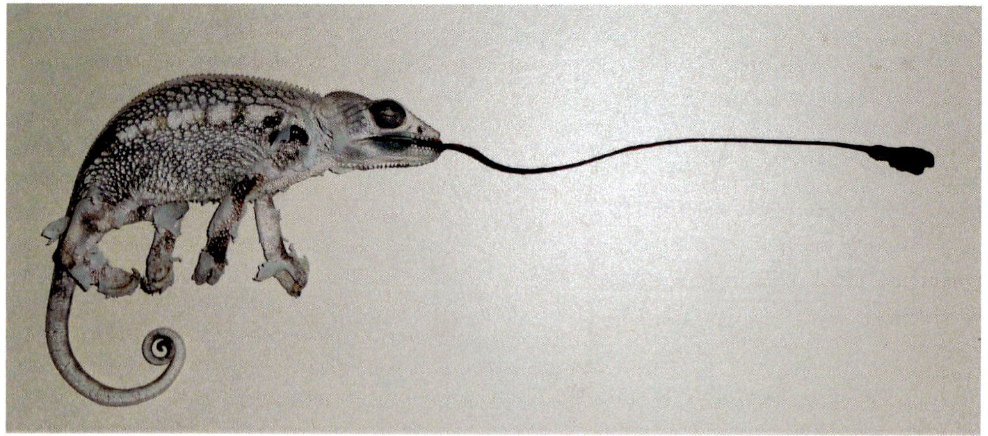

Die Zunge ist fast so lang wie das Tier selbst, wie hier an einem gestorbenen Exemplar zu sehen ist

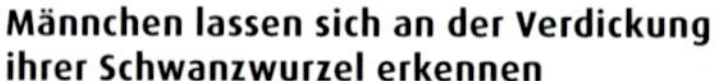

Männchen lassen sich an der Verdickung ihrer Schwanzwurzel erkennen

werden durch ein komplexes Zusammenspiel von Muskeln und Pigmentzellen hervorgerufen und durch neuronale und hormonelle Mechanismen gesteuert (Nečas 2004; Tilbury 2010).

Der Körper des Pantherchamäleons ist größtenteils mit regelmäßigen ovalen Schuppen bedeckt, im Kopfbereich befinden sich ungleichmäßig vergrößerte Plattenschuppen. Durch Verdickung bilden diese bei den Männchen unterschiedlich starke, knöcherne Nasenfortsätze. Konische Kegelschuppen bilden bei beiden Geschlechtern einreihige Kehl- und Rückenkämme.

Männliche Pantherchamäleons erreichen in der Natur eine maximale Gesamtlänge von ca. 50 cm, Weibchen von etwa 30 cm. Im

Die adulten Männchen können nahezu die komplette Farbpalette abrufen (Insel Nosy Mangabe) Foto: T. Negro

Terrarium werden diese Maße nur selten erreicht. Neben der Größe lassen sich die Männchen auch anhand des stärker ausgeprägten Helms und Schnauzenfortsatzes sowie der verdickten Schwanzwurzel bereits ab einem Alter von etwa sechs Monaten von den Weibchen unterscheiden.

Die Lebenserwartung im Terrarium liegt bei Männchen bei durchschnittlich 5–8 Jahren, bei Weibchen bei ungefähr 3–5 Jahren. Ich würde als Bemessungsgrundlage für die zu erwartende Lebensspanne bei Weibchen jedoch eher die Anzahl der produzierten Gelege (etwa fünf) bzw. die Gesamtsumme der Eier (ungefähr 100–120) heranziehen, da die energiezehrende Trächtigkeit und die Eiablage sich unmittelbar auf ihre Lebensdauer auswirken.

Das älteste Männchen ist bei mir mit knapp zehn Jahren, das älteste Weibchen mit sechs Jahren und „nur“ zwei Gelegen verstorben.

Verwandtschaft und Systematik

ZURZEIT sind etwa 240 wissenschaftlich beschriebene Chamäleonarten mit einer ähnlich hohen Anzahl an Unterarten bekannt, die sich auf mehrere Gattungen verteilen. Neben den vier madagassischen Gattungen *Palleon*, *Calumma*, *Furcifer* und *Brookesia* sind dies *Archaius*, *Bradypodion*, *Chamaeleo*, *Kinyongia*, *Nadzikambia*, *Trioceros*, *Rieppeleon* sowie *Rhampholeon* (mit den Untergattungen *Rhampholeon*, *Bicuspis* und *Rhinodigitum*), deren Verbreitungsgebiet vor allem im äquatorialen Afrika liegt.

Das Pantherchamäleon wurde im Jahr 1829 von CUVIER als *Chamaeleo pardalis* von der Insel Mauritius beschrieben. Anhand morphologischer Untersuchungen der Lungen- und Hemipenisstrukturen wurde es 1986 von KLAVER & BÖHME in die Gattung *Furcifer* überstellt. Der Gattungsname bezieht sich auf den Schnauzenfortsatz (lat. furca = die Gabel; lat.: ferre = tragen; „der Gabeltragende“), während das Artepitheton (lat. *pardalis* = pantherähnlich) auf die Zeichnung der Ticrc hindoutet.

DIE SYSTEMATISCHE STELLUNG DES PANTHERCHAMÄLEONS

Klasse: Kriechtiere (Reptilia)
Ordnung: Eigentliche Schuppenkriechtiere (Squamata)
Unterordnung: Echsen (Sauria)
Überfamilie: Leguanartige (Iguania)
Familie: Chamäleons (Chamaeleonidae)
Unterfamilie: Echte Chamäleons (Chamaeleoninae)
Gattung: *Furcifer*
Art: *Furcifer pardalis*

Adultes Männchen aus Djangoa
Foto: T. Negro

Verbreitung und Lebensraum

DAS Hauptverbreitungsgebiet von *Furcifer pardalis* beschränkt sich auf die nördliche West- und Ostküste Madagaskars sowie einige kleine vorgelagerte Inseln. Dabei wird hauptsächlich das Küstentiefland bewohnt. Das dortige Klima kann man als humides, warmes Tropenklima beschreiben. Die mittleren Jahrestemperaturen liegen zwischen 22 und 28 °C bei einer relativen Luftfeuchtigkeit von 70–100 %. Je weiter westlich die Tiere leben, desto saisonaler und trockener wird das Klima. In manchen Gegenden im Westen Madagaskars liegen die jährlichen Niederschlagswerte nur bei 50–150 mm. Die Regenzeit dauert von Januar bis April.

Kulturland als Lebensraum von Pantherchamäleons Foto: T. Hofmann

Man kann das Pantherchamäleon u. a. an Waldrändern, Flussläufen, auf Kulturflächen mit niedriger Sekundärvegetation sowie in Vorgärten antreffen. Dort dienen Bäume, Büsche und Sträucher, aber auch strohgedeckte Dächer als Lebensraum. Seltener sind die Tiere in Wäldern mit geschlossenem Kronendach zu finden. Im Gegensatz zu einigen anderen auf Madagaskar beheimateten Chamäleonarten weist *Furcifer pardalis* eine enorme Anpassungsfähigkeit auf und ist nicht auf intakte Primärregenwälder angewiesen. In Toamasina (Tamatave) wurden mir Tiere inmitten einer Siedlung auf einer mit wenigen Büschen umstandenen Müllhalde gezeigt. Recht häufig sind Pantherchamäleons auch tagsüber an Straßen und Wegen oder in Gärten zu finden.

Gerade entlang der Wege kann man auch tagsüber viele Pantherchamäleons finden

Lokalformen

SEIT Jahren wird unter Liebhabern kontrovers über die Lokalformen von *Furcifer pardalis* diskutiert. Es ist unbestreitbar, dass in verschiedenen Gebieten Nordwest- und Nordost-Madagaskars bestimmte Lokalformen anzutreffen sind. Besonders in der Paarungszeit unterscheiden sich diese Populationen deutlich in der Färbung voneinander.

Altersbedingte farbliche Veränderung der vertikalen Streifen: dasselbe Ambilobe-Männchen im Alter von 16 Monaten, ...

Im Nordwesten Madagaskars stellen die Mangrovensümpfe, die zahlreichen Flüsse sowie die trockenen Landstriche natürliche Barrieren für die verschiedenen Populationen des Pantherchamäleons dar. Wahrscheinlich liegt darin das Auftreten der vielen dort anzutreffenden Lokalformen begründet.

Im Osten hingegen zieht sich ein großer, fast durchgängiger immergrüner Tieflandregenwald, der kaum wirkliche Barrieren aufweist, bis hoch in den Norden. Daher unterscheiden sich die Populationen von Tamatave über Mananara bis hin zu Maroantsetra trotz ihrer relativ großen geografischen Entfernung kaum voneinander.

Das zentrale Hochland Madagaskars stellt eine besonders große natürliche Barriere dar, die die östlichen- und westlichen Populationen voneinander trennt. Die von FERGUSON et al. (2004) durchgeführten Clusteranalysen zeigten die farblichen Unterschiede der Westküsten- und der Ostküstenpopulationen. Die im Norden ansässigen Populationen werden dabei als Zwischenformen angesehen, die die Fär-

bungsmerkmale der Westküsten- und Ostküstenpopulationen miteinander vereinen.

Ein Problem bei der Beschreibung und Abgrenzung einzelner Lokalformen sind die mitunter große Variabilität innerhalb eines spezifischen Fundortes (z. B. die Regionen Ambilobe und Ambanja) sowie mögliche Vermischung benachbarter Populationen. Auch Ernährungszustand, Stimmung, Alter, Jahreszeit sowie weitere abiotische und biotische Faktoren spielen bei der Färbung des Individuums eine wichtige Rolle.

... im Alter von drei Jahren ...

... sowie im Alter von sieben Jahren – aus „blue bar" wird „red bar"

In den letzten Jahren ist die Zahl der Lokalformen, die nachgezogen und angeboten werden, stark angestiegen. Neben der Tatsache, dass nun auch Pantherchamäleons aus bis dato weniger erschlossenen Gebieten Madagaskars Einzug in die Terraristik erhalten, spielt auch das kommerzielle Interesse

an dieser Art eine Rolle beim Boom der Lokalformen. Bei meiner Reise durch Madagaskar habe ich einige Zuchtfarmen und Exportstationen besucht, in denen Männchen verschiedener Lokalpopulationen mit trächtigen Weibchen zusammen in Volieren untergebracht waren. Ob die Verpaarung zuvor in der Natur oder erst in Menschenobhut stattfand, konnte man nicht mehr eindeutig beantworten. Auch auf hiesigen Terraristikbörsen habe ich es schon erlebt, wie ein zum Verkauf angebotenes Weibchen im Börsenverlauf drei Mal ihre „Herkunftslokalität" je nach Gesuch des potenziellen Käufers wechselte.

Normalerweise geht man davon aus, beim Erwerb eines frisch importierten Wildfang- oder Nachzucht-Weibchens ein Tier mit „reinem" Genpool erworben zu haben. Anhand der oben geschilderten Erlebnisse lassen sich aber leider nicht alle diesbezüglichen Zweifel grundsätzlich ausräumen.

Trotz dieses Hintergrundes und bisher kaum signifikanter Ergebnisse bewusster und unbewusster Kreuzungen sowie deren Einfluss auf die Lebens- und Fortpflanzungsfähigkeit der Nachkommen wäre es dennoch wünschenswert, bewusste Durchmischungen der Lokalformen zu vermeiden. Man kann nur an die Vernunft der Verkäufer und Käufer appellieren, die Problematik mit Weitsichtigkeit zu betrachten.

Unterschiedlich gefärbte Männchen aus der Umgebung von Ambilobe Fotos: T. Negro

Im Folgenden möchte ich versuchen, einen kurzen Überblick über die bisher beschriebenen Lokalformen zu geben. Meist werden diese nach dem jeweiligen Fundort, z. B. Dorf (Maroantsetra) oder Stadt (Toamasina), aber auch nach der Region (Ambilobe) oder Insel (Nosy Bé) benannt. Ich möchte bewusst weitgehend auf Modetitulierungen oder Handelsbezeichnungen wie Pink Panther, Blue Diamond, Picasso etc. verzichten. Da diese meist nur einen kommerziellen Hintergrund haben, werde ich sie nur einmal in der folgenden Übersicht erwähnen, um eine Zuordnung zu ermöglichen.

Die Unterscheidung der einzelnen Lokalformen kann fast ausschließlich nur über die Stressfärbung der Männchen erfolgen. Weibchen hingegen lassen sich nur schwer bis gar nicht zuordnen, weshalb ich mich bei der Beschreibung auf das Farbkleid der Männchen beschränke.

Die Beschreibungen der einzelnen Lokalformen beruhen auf die von FERGUSON et al. (2004), RIMMELE (1999), GLAW & VENCES (1994), MÜLLER et al. (2004), KOBER & OCHSENBEIN (2006) gemachten Angaben sowie eigenen und von T. ALTHAUS (pers. Mittlg.) gemachten Freilandbeobachtungen.

Herkunftsgebiete der Lokalformen im Norden und Nordwesten Madagaskars

Die Westküste

Ambanja

Die Stadt Ambanja liegt im Nordwesten Madagaskars. In ihrer Umgebung finden sich zahlreiche Kakao-, Kaffee- und Bananenplantagen, die Heimat zahlreicher kräftig gefärbter Pantherchamäleons sind. Die Grundfarbe ist hier meist Grün, kann aber auch bis zu Rostrot reichen. Man kann hier Männchen sowohl mit roter als auch blauer Bänderung finden, die durch einen fast durchgängigen weiß bläulichen Lateralsteifen durchbrochen wird und bläuliche oder rötliche Flecken aufweist. Die Lippen sind meist weiß-gelblich, der Rückenkamm hellgrün bis bläulich. Die Kopfleisten weisen oft die gleiche Färbung wie der Rückenkamm auf.

Ankify

Etwas südwestlicher als Ambanja gelegen befindet sich das kleine Fischerdörfchen Ankify. Die Tiere aus dieser Region zeigen eine hellgrüne Grundfarbe mit einem oft durchgehenden grauen bis hellblauen Lateralstreifen. Ein Unterschied zur benachbarten Ambanja-Population sind die roten und teilweise gelben Partien im Kopf- und Brustbereich. Die Vertikalbänder können dunkelblau bis weinrot sein. Die Lippen und die Mundwinkel sind meist gelblich und der Rückenkamm hellblau bis grau.

Nosy Bé

Ankify Foto: T. Negro

Die wohl bekannteste Lokalform weist eine grün bis türkis-bläuliche Grundfarbe mit verstreuten roten Punkten auf. Die Vertikalstreifen sind teilweise nur schlecht zu erkennen und heben sich meist durch ihre etwas dunklere Färbung undeutlich von der Basis ab. Der teilweise unterbrochene Lateralstreifen ist weiß bis grau, kann aber auch hellblaue Farbanteile zeigen. Die Lippen sind weiß bis gelblich, die Mundwinkel gelb.

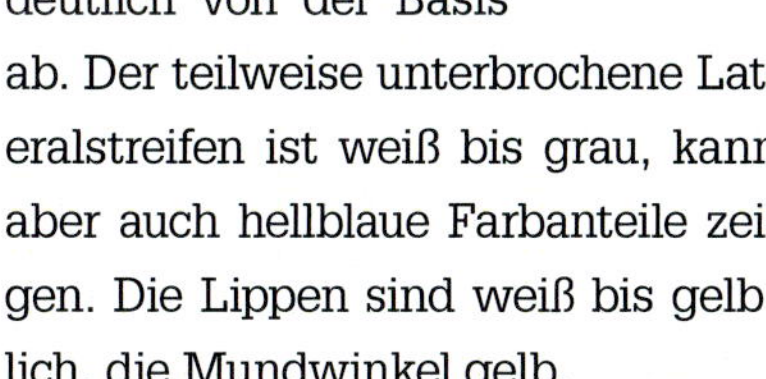

Der Bestand an Pantherchamäleons auf Nosy Bé wird von Andreone et al. (2005) auf ungefähr eine halbe Million adulter Individuen geschätzt.

Trivialname: Blue Diamond

Nosy Faly

Dieses kleine Eiland befindet sich nördlich der Landzunge Ambatos und östlich von Nosy Bé. Wie die Lage schon vermuten lässt, finden sich bei dieser Lokalform Ähnlichkeiten mit den benachbarten Populationen (Nosy Bé, Ankify, Ambanja) wieder. Auch hier weisen die Männchen eine grüne bis blaue Grundfärbung auf, die, ähnlich den Tieren von Nosy Bé, jedoch kaum eine vertikale Bänderung zeigt. Der gesamte Körper ist meist intensiver mit roten Flecken („roter Regen“) übersät als bei den Männchen von Nosy Bé. Augen, Lippen und Wangenbereich sind gelb gefärbt.

Nosy Bé Foto: T. Negro

Nosy Faly Foto: T. Negro

Ambilobe

Die wohl am häufigsten in der Terraristik anzutreffende Lokalform stammt aus dem Raum Ambilobe. Diese Individuen gehören sicherlich zu den farbintensivsten und buntesten Pantherchamäleons. Das Vorkommen ist aber nicht nur auf die Ortschaft Ambilobe fokussiert, sondern auch auf die umgebende Region. Dieses recht große Gebiet erstreckt sich entlang der RN6 nördlich von Ambanja bis hin zum nördlich gelegenen Jeffroville. Auch wenn einige Züchter einzelne Populationen innerhalb dieses Gebietes (z. B. Sirama) separat betrachten, mehren sich Zweifel, ob wirklich charakteristische Differenzen zwischen den Tieren dieser Gebiete auszumachen sind.

Die Männchen zeigen in diesem Gebiet eine grüne Grundfärbung, die gelbliche, rote und orange Farbanteile aufweisen kann. Die Lippen sind weiß, teilweise mit gelblichem Mundwinkel. Der Rückenkamm kann rot gefärbt sein. Der durchgängige Lateralstreifen ist weiß bis blassblau. Die Vertikalbänder können blau und rot sein.

Trivialname: Picasso

Ambanja Foto: T. Negro

Ankaramy

Diese Tiere stammen aus der Region um Ankaramy im nordwestlichen Teil Madagas-

kars, wo man sie in unmittelbarer Nähe der Hauptstraße (RN6) in den Kaffee- und Kakaoplantagen finden kann. Die Grundfarbe ist ein kräftiges Pink mit dunklen Farbanteilen und einem oft durchgehenden weißen bis gelblichen Lateralstreifen. Die Lippen sind weiß, der Rückenkamm blauschwarz bis blauviolett; auch die Kopfleisten zeigen meist diese Farben. Bei Stressfärbung präsentieren die Tiere teilweise dunkle bis tiefschwarze vertikale Streifen. Trivialnamen: Ankaramy Pink, Pink Panther

Ankaramy Foto: T. Negro

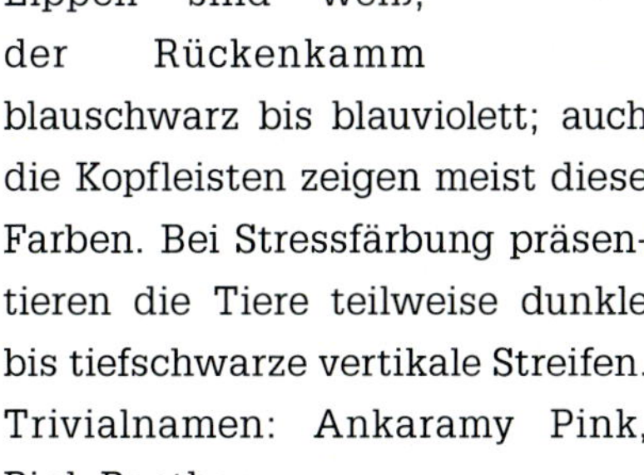

Nosy Mitsio

Die männlichen Pantherchamäleons von der Insel Nosy Mitsio, die nördlich von Nosy Bé liegt, zeigen eine grüne Grundfarbe, die im Erregungszustand kräftige gelbe Signalfarben annehmen kann. Die verwaschenen grünen bis blauen vertikalen Bänderungen sind zwar schwächer als bei den Festlandformen wie Ambanja und Ambilobe ausgeprägt, aber dennoch gut zu erkennen. Die Lippen sind weiß, die Rostralkanten dunkelblau bis schwarz, der Rückenkamm rötlich. Charakteristisch ist die intensive Rotfärbung der Augen und Augenränder, die stellenweise ins Violett gehen kann.

Der Norden

Diego Suarez

Antsiranana, besser bekannt unter seiner französischen Bezeichnung Diego Suarez, ist die größte Stadt im Norden Madagaskars. Die männlichen Tiere besitzen eine grüne Grundfärbung, die unterhalb des weißen Lateralstreifens ins Gelbliche verlaufen kann. Bei Stresssituationen zeigen die Tiere ein kräftiges Gelb mit orangeroter Bänderung. Die Lippen und die Mundwinkel sind weiß, die Augenlieder rötlich mit weißen bis schwarzen, sternförmig verlaufenden Linien.

Furcifer pardalis **aus Tamatave** Foto: T. Negro

Die Ostküste

Sambava

Die Stadt Sambava liegt an der Nordostküste Madagaskars. Die Grundfärbung der hier beheimateten Pantherchamäleons ist meist ein grünlicher Farbton, der unterhalb des weißen bis hellblauen Lateralstreifens auch ins Hellgelbe reichen kann. Die vertikale Bänderung besteht aus dunkelroten bis violettfarbenen Streifen. Der Kopfbereich weist viele rote Anteile auf. Die ebenfalls rötlichen Augen werden dabei meist von schwarzen, sternförmig verlaufenden Linien durchzogen. Bei Stressfärbung wechselt die Grundfärbung in ein kräftiges Gelb, welches durch rote Querbänder unterbrochen wird.

Ost-Masoala (Cap Est)

Die Halbinsel Masoala hat eine Fläche von gut 4.200 km². Der immergrüne Regenwald, die Mangrovensümpfe und die Granitgebirge, die eine Höhe von mehr als 1.400 m erreichen können, stellen natürliche Barrieren für die dort lebenden Pantherchamäleons dar, sodass man zwischen den Tieren aus West-Masoala und Ost-Masoala unterscheiden kann. Die Populationen aus dem Westen ähneln stark den Tieren aus dem Mananara-Gebiet, die östlichen Vertreter hingegen zeigen eine hellblaue Grundfärbung mit dunkelroter Bänderung. Die Rotanteile können hierbei aber auch stark variieren. Die Lippen sind weiß, die Mundwinkel gelblich. Die Augenlider weisen meist ein sternförmiges Muster mit roten, weißen oder grünblauen Farbanteilen auf.

Cap Est Foto: T. Negro

Mananara, Maroantsetra, Nosy Mangabe, West-Masoala

In diesem sehr großen Gebiet zeigen die Männchen eine grünliche Grundfärbung, die unterhalb des weißen, nicht durchgängigen Lateralstreifens in ein gelbliches Orange übergehen kann. Der Kopfbereich weist häufig Rotanteile an den Wangen, der Schnauze und der Kehle auf. Auch die Bein- und Schwanzregionen können rötlich gefärbt sein.

Der Rückenkamm ist hellblau, die Lippen weiß und die schwache vertikale Bänderung meist dunkelrot.

Nosy Boraha

Die Insel St. Marie (madagassisch: Nosy Boraha) liegt nur wenige Kilometer östlich im Indischen Ozean. Die hier ansässige Population zeigt eine graue Grundfärbung mit schwach abgesetzten dunkleren Querbändern. Die Mundwinkel sind gelblich, und der Lateralstreifen ist nur sehr schlecht zu erkennen. Da die Tiere im Gegensatz zu den Populationen des Festlandes deutliche Unterschiede aufweisen, zweifeln FERGUSON et al. (2004) sogar den taxonomischen Status dieser Population an.

Mananara Foto: T. Negro

Toamasina

Die Hafenstadt Toamasina (französisch: Tamatave) liegt an der Ostküste Madagaskars. Die Männchen zeigen oberhalb des meist weißen, manchmal auch grauen bis hellblauen, durchgängigen Lateralstreifens eine dunkelgrüne Grundfärbung, die zum Bauch hin in ein rötliches Orange übergehen kann. Die rote Querbänderung setzt sich nur schwach ab. Die Lippen und die Mundwinkel sind überwiegend weiß. Während der Stressfärbung weicht die Grünfärbung, und der Rotanteil nimmt zu. Dieser kann von Orangetönen bis ins Ziegelrote reichen. Etwas nördlich der Stadt, in Richtung Fenerive, existieren Populationen mit einer schneeweißen Grundfärbung.

Abseits Madagaskars

Verdriftete Populationen des Pantherchamäleons kommen auch auf den Inseln Réunion und Mauritius vor. Da ich auf Mauritius selbst keine Tiere entdecken konnte, liegen mir lediglich Fotografien vor. Nach diesen Bildern sowie den Aussagen von MÜLLER et al. (2004) scheinen die Männchen von Réunion und Mauritius den Nosy-Bé-Exemplaren stark zu ähneln.

Verhalten und Lebensweise

FURCIFER *pardalis* ist eine tagaktive, solitär lebende Art. Die Tiere scheinen keine Territorien zu bilden und durchwandern größere Home-Ranges (die nicht wie Territorien in ihrer ganzen Ausdehnung verteidigt werden) auf der Suche nach Futterressourcen oder Sexualpartnern (GEHRING 2005).

Generell sind Jungtiere instinktiv eher scheuer und zeigen die chamäleontypischen Verhaltensweisen, wenn man einen gewissen Mindestabstand nicht einhält. Diese reichen vom „Wegdrehen hinter den Ästen" bis zum mutigen „Abwehrfauchen" der kleinen Drachen. Man sollte Jungtiere daher möglichst in Ruhe lassen und die Aktivitäten im Terrarium auf ein Minimum reduzieren. Im fortgeschrittenen Alter haben sich die

Bei Gefahr drehen sich viele Chamäleons hinter einen Ast und sind so kaum noch zu erkennen

Drohgebärde bei einem Jungtier

WUSSTEN SIE SCHON?

Pantherchamäleons sind wie alle Reptilien poikilotherm (wechselwarm), d. h., ihre Körpertemperatur ist von der Umgebungstemperatur abhängig. Nach der kühlen Nacht suchen die Tiere gezielt einen Sonnenplatz auf und flachen sich maximal ab, um eine möglichst große Oberfläche den wärmenden Sonnenstrahlen auszusetzen. Mit einer dunklen Färbung wird die Licht- bzw. Wärmeabsorption noch verstärkt. Sobald die Chamäleons ihre Vorzugstemperatur erreicht haben, gehen sie auf Nahrungs- oder auch Partnersuche. Am Nachmittag kommt es häufig zu einer weiteren Aktivitätsphase, die mit Beginn der Dämmerung beendet wird. Zur Nacht suchen die Tiere einen geeigneten Schlafplatz auf.

Begegnen sich zwei Männchen, kommt es zu einem „Kampf der Farben" – einem sogenannten Kommentkampf Foto: T. Negro

meisten Pantherchamäleons an die wiederkehrenden Vorgänge im Terrarium gewöhnt und zeigen kaum noch Scheu. Da es sich aber trotzdem um stressempfindliche Wildtiere handelt, sollte man das Handling (es sind keine „Schmusetiere" und kein Spielzeug) mit den Tieren auf ein Minimum reduzieren und sie stattdessen lieber beobachten und studieren.

Mit einem gewissen Mindestabstand lassen sich die Tiere aber grundsätzlich gut beobachten, und im Gegensatz zu vielen anderen Echsen verstecken sie sich kaum. Nur bei Unterschreitung einer gewissen Distanz kommt es zum typischen Abwehrverhalten.

Männchen in Abwehrfärbung

Gesetzliche Bestimmungen

DA das Pantherchamäleon eine ökologisch sehr anpassungsfähige Art ist, sind die Bestände auf Madagaskar derzeit nicht bedroht. Schätzungen zur Folge liegt die Populationsdichte dort bei etwa 35–70 Tieren pro Hektar, was ungefähr der Fläche eines Fußballplatzes entspricht (ANDREONE et al. 2005).

Furcifer pardalis unterliegt den CITES-Bestimmungen (**C**onvention on **I**nternational **T**rade in **E**ndangered **S**pecies), die den weltweiten Handel mit gefährdeten Tieren in den Teilnehmerstaaten regelt. Das Pantherchamäleon ist, wie alle anderen Echten Chamäleons, im Anhang II sowie auf Anhang B der EU-Artenschutzverordnung gelistet. In Deutschland und in Österreich besteht eine Meldepflicht für *Furcifer pardalis*. Jedes erworbene Exemplar, egal ob Nachzucht oder Wildfang, muss vom neuen Besitzer bei der zuständigen Behörde gemeldet werden. Je nach Kreis und Verwaltung können unterschiedliche Ämter (Umweltamt, Veterinäramt etc.) damit vertraut sein. Die Meldung beim Amt ist kostenlos, kann recht formlos ausfallen, muss aber eine Kopie des Herkunftsnachweises enthalten, den der Verkäufer dem neuen Besitzer immer ausstellen muss.

In der Schweiz ist die Haltung sogar bei der zuständi-

Wo kaufe ich mein Pantherchamäleon?

DA das Pantherchamäleon mittlerweile häufig nachgezogen wird, stellt es in aller Regel kein Problem dar, Nachzuchten aller Altersstufen zu erwerben. Selbst Zoofachgeschäfte oder sogar Baumärkte mit Reptilienabteilung bieten Nachzuchten aus privater Haltung an. Ich empfehle jedoch, die Tiere direkt bei einem Züchter zu erwerben, da man sich auch die Terrarienanlage vor Ort ansehen kann. Adressen von Züchtern erhält man im Internet oder auch über die DGHT-AG Chamäleons (siehe „Weitere Informationen“), deren Mitglieder häufig Nachzuchten abzugeben haben.

gen kantonalen Behörde bewilligungspflichtig, sprich ein Sachkundenachweis zur Reptilienhaltung wird verlangt. Dieser wird vom Veterinäramt des Wohnkantons erteilt und muss alle zwei Jahre erneuert werden. Für den Sachkundenachweis müssen ein entsprechender Kurs sowie eine Prüfung absolviert werden. Wie in Deutschland bietet die DGHT auch in der Schweiz (Schweiz: www.dght.ch/main/sachkundeschulung-dght-ch.html; Deutschland: www.sachkundenachweis.de) solche Schulungen an. Weiterhin wird für eine Haltung von Chamäleons (mit Ausnahme von *Chamaeleo calyptratus*) ein Gutachten eines vom Bundesamt für Veterinärwesen anerkannten Experten benötigt. In diesem wird dem Halter bescheinigt, dass das Terrarium für die Haltung von Chamäleons geeignet ist und die Einrichtung und Technik den Ansprüchen der Tiere genügt.

Die Pflege von Pantherchamäleons in Mietwohnungen ist normalerweise vom Vermieter zu dulden, da die Haltung von Kleintieren in Standardmietverträgen erlaubt ist. Jedoch darf es dabei zu keinerlei Belästigung Dritter – z. B. durch entwichene Futtertiere – kommen.

Styroporbox und Faunabox: So kann man Chamäleons gut und sicher transportieren

Transport

ZUM Transport von Pantherchamäleons eignen sich verschiedene Behältnisse, die entsprechend der Größe des Tieres, der Transportdauer und der Witterung angepasst sein müssen. Es sollte darauf geachtet werden, dass die Tiere in abgedunkelten Behältnissen transportiert werden, damit sie sich schneller beruhigen und kein zusätzlicher Stress auftritt. Luftlöcher sind bei kleinen Verpackungen wichtig, führen aber auch zu Lichteinfall, der die Tiere vom Schlafen abhält.

Für große Chamäleons haben sich Faunaboxen bewährt, die mit Küchenpapier ausgelegt werden. Die Meinungen gehen auseinander, ob zusätzlich noch ein Kletterast in der Box fixiert werden sollte, da sich die Tiere hieran u. U. verletzen können. Kleinere Exemplare setzte ich in Heimchendosen oder in kleine luftdurchlässige Bastkörbchen, die man bei vielen größeren Kaufhäusern als Kosmetikkörbe (mit Deckel!) finden kann. Den Boden lege ich noch mit etwas Toilettenpapier aus und gebe zusätzlich noch weitere zerknüllte Lagen davon mit in den Korb, sodass die Tiere während des Transportes Halt finden.

Bei längeren Reisen oder kalter Witterung eignen sich Styropor-

Quarantäne

NEUzugänge sollten zu Beginn in ein leicht zu säuberndes Quarantänebecken gesetzt werden, das von der Technik und den klimatischen Ansprüchen dem späteren Terrarium entsprechen muss, jedoch etwas kleiner und spartanischer sein darf. In so einem Becken kann man die Neuankömmlinge sehr gut beobachten und die Futteraufnahme kontrollieren. Die Einrichtung sollte leicht zu säubern sein. Hierfür haben sich Plastikpflanzen und -kletteräste bewährt, die über 60 °C abgekocht werden können.

Optimal wäre eine Quarantänezeit von bis zu drei Monaten. In dieser Zeit sollten 2–3 Kotproben des Chamäleons von einem

kisten, in die zusätzlich eine Wärmequelle (z. B. Wärmflasche oder „Heat Pack") gegeben wird. Eine Überhitzung ist jedoch zu vermeiden. Grundsätzlich vertragen Chamäleons eher etwas kältere als zu hohe Temperaturen. Gute Erfahrungen habe ich mit einer Transportbox-Innentemperatur von 18–24 °C gemacht.

Grundsätzlich sollte man jedoch den Transport bei extremen Außentemperaturen besser unterlassen und hierfür Tage mit gemäßigteren Temperaturen wählen.

Bastkorb: Eine gute Alternative für den Transport von Chamäleons

Kennt man den Züchter gut, so kann auch ein Versand mittels Tierspedition infrage kommen. Dieser sollte jedoch im Vorfeld genauestens abgesprochen und ein mögliches Risiko abgewogen werden. Ich rate jedoch dazu, die Tiere immer persönlich abzuholen.

reptilienkundigen Tierarzt oder einer entsprechenden Institution (siehe „Weitere Informationen") untersucht werden. Bei negativen Befunden kann dann das Chamäleon in das eigentliche Terrarium umziehen.

Das Quarantänebecken sollte gut und einfach zu reinigen sein

Vergesellschaftung

AUFgrund der innerartlichen Aggressivität empfehle ich grundsätzlich die Einzelhaltung. Selbst bei scheinbar friedlich zusammenlebenden Paaren kann es zu unterschwelligem Stress kommen. Bei der Haltung mehrerer Pantherchamäleons in einem Raum sollten die einzelnen Terrarien so aufgestellt werden, dass sich die Tiere nicht permanent sehen können. Selbst Abstände von mehreren Metern stellen kein Blickhindernis dar,

Das Terrarium

FÜR die Haltung eines Pantherchamäleons wird im Gutachten über die Mindestanforderungen an die Haltung von Reptilien (BMLF 1997) eine Terrariengröße gefordert, die sich anhand der Kopf-Rumpf-Länge (KRL) des Tieres errechnet: 4 × 2,5 × 4. Diese Faktoren sind mit der KRL des Tieres zu multiplizieren. Bei einem adulten Pantherchamäleon mit einer KRL von 20 cm ergibt sich demnach eine Beckengröße von 80 × 50 × 80 cm (L × B × H). Dieses Maß stellt in meinen Augen jedoch nur die Untergrenze dar und ist daher für eine längere Unterbringung nicht geeignet, da die stressempfindlichen Tiere eine gewisse Terrarientiefe und -höhe benötigen, um sich auch zurückziehen zu können. Daher weisen meine Terrarien für ausgewachsene Männchen eine Grundfläche von 100 × 70 cm sowie eine Höhe von mind. 120 cm auf, für adulte Weibchen betragen die Terrarienmaße 70 × 70 × 100 cm.

Standort

Für die erfolgreiche Pflege von Pantherchamäleons ist auch der richtige Standort des Terrariums wichtig. Insbesondere kleinere Becken können sich in Fensternähe durch direkte Sonneneinstrahlung innerhalb kürzester Zeit auf für die Tiere gefährliche Werte aufheizen. Bei sehr großen Terrarien können durch Sonnenstrahlen lokale Wärmeplätze entstehen, die von den Chamäleons meist sogar gegenüber anderen Licht- und Wärmequellen bevorzugt werden. Hier muss man jedoch die Temperaturen überwachen und gegebenenfalls durch Sprühen oder

wenn sich die Becken gegenüberstehen. Sinnvoll ist der Aufbau der Terrarienanlage an einer Wand, wobei die einzelnen Terrarien mit einem Sichtschutz (z. B. einer Korkwand) zu den Seiten hin ausgestattet werden.

stellenweises Abdunkeln der Fenster einem übermäßigen Temperaturanstieg entgegenwirken.
Das Terrarium sollte nicht auf dem Boden, sondern etwas erhöht stehen, da die baum- und buschbewohnenden Tiere den Menschen lieber von oben betrachten. Die meisten meiner Terrarien stehen auf ca. 80–100 cm hohen stabilen Schränken. Dies kommt nicht nur dem Sicherheitsbedürfnis des Chamäleons zugute, sondern erleichtert auch die Pflege und das Beobachten der Tiere.
Sehr wichtig ist es, dass die Nachtruhe nicht gestört wird – bereits kurze Helligkeit lässt die meisten Tiere wieder aufwachen. Daher sollte das Terrarium nicht in einem Zimmer aufgestellt werden, wo man sich nachts bei Licht häufig aufhält.

WUSSTEN SIE SCHON?

Die Vergesellschaftung des Pantherchämaleons mit anderen Arten sehe ich kritisch. Wie bei der gemeinsamen Haltung mehrerer Chamäleons kann es hierbei zu Stresssituationen oder Verletzungen kommen. Auch sehr agile tagaktive Reptilien, wie z. B. Geckos oder Skinke, können das Chamäleon stressen. Viele Wirbellose und auch kleinere Wirbeltiere stehen auf dem Speiseplan der Chamäleons – LUTZMANN (2006) konnte sogar Kannibalismus beobachten.
Grundsätzlich gilt es, das Verhalten des Chamäleons genau zu studieren und die Individualität zu akzeptieren, da jeglicher Stress das Immunsystem des Tieres schwächt und auf Dauer zum sicheren Tod führt.

Terrarienanlage des Autors mit unterschiedlichen Terrarientypen

Material

Ich verwende zur Haltung meiner *Furcifer pardalis* mit gleichen Erfolgen eine ganze Reihe von Beckentypen, die sich zwar vom Material her unterscheiden, jedoch alle grundsätzlich gut belüftet sind. Sowohl Eigenbauten aus Holz sowie große Gazekäfige („Flexarien", „Vivarien"), die sich auch gut für die Balkon- oder Freilandhaltung eignen, als auch Glasterrarien mit komplettem Gazedeckel haben sich bei mir in den Jahren bewährt.

Holzterrarien im Eigenbau

Da ich beim Bau von Holzterrarien hinsichtlich Ausführung und Gestaltung sehr flexibel bin, nutze ich dieses Material vor allem bei großen Schauterrarien, die meist eine Grundfläche von 100 × 100 cm sowie eine Höhe bis zu 220 cm aufweisen. Handling, Flexibilität, Gewicht sowie der geringere Preis sind weitere Vorteile gegenüber Glas- oder Gazeterrarien dieser Größe.

Glasterrarien

Neben fertigen Standard-Glasterrarien aus dem Terraristikhandel, die sich in den meisten Fällen aufgrund der unzureichenden Lüftungsflächen nicht für unsere Zwecke eignen, gibt es die Möglichkeit, sich ein Terrarium nach seinen eigenen Wünschen anfertigen zu lassen. Entsprechende Adressen von Terrarienherstellern findet man im Internet oder Fachzeitschriften wie der REPTILIA oder der elaphe (siehe „Weitere Informationen").

Auch ein Glasterrarium sollte eine ausreichend große Gazefläche am Deckel sowie eine weitere Belüftungsfläche an der Seite oder der Front aufweisen sein. Glasterrarien lassen sich einfach desinfizieren und sind im Vergleich zu Holzterrarien unempfindlicher gegenüber Feuchtigkeit. Nachteilig ist das Gewicht und der damit erschwerte Transport.

Gazeterrarien

Terrarien aus kompletter Kunststoffgaze, wie z. B. von der Firma Lucky Reptile, werden zwar schon seit geraumer Zeit angeboten, aber wegen der schlechten Durchsicht kommen diese Becken bei mir nur im Freiland zum Einsatz. Die Firma ZooMed brachte dann vor wenigen Jahren die ersten Aluminumgazebecken („ReptiBreeze") auf den Markt. Da die schwarze Gaze bei diesen Becken stramm gespannt ist, kann man die Tiere in den Becken sehr gut beobachten. Es

lassen sich auch gefahrlos Lampen auf diese Terrarien stellen, ohne dass Gefahr besteht, dass die Gaze, wie etwa bei den Kunststoffterrarien, durchschmort.
Die älteren Modelle rosten leider, was bei einer Verwendung von Aluminiumgaze nicht passieren dürfte. Mittlerweile sollen diese Gazebecken tatsächlich mit Aluminiumgaze ausgestattet sein, sodass sie zur Quarantäne, Aufzucht von Jungtieren und bei der Freilufthaltung in den Sommermonaten ideal geeignet sind.

Sowohl Glasterrarien ...

... als auch Gazebecken sind zur Haltung von Pantherchamäleons geeignet

Einrichtung

Als Bodengrund verwende ich seit Jahren mit gutem Erfolg Laubwalderde, abgedeckt mit einer Laubschicht. Ich habe bisher keine negativen Erfahrungen mit eingeschleppten Einzellern gemacht, und Schnecken oder Asseln hatten eher positive Auswirkungen im Terrarium. Kot und Futterreste werden von ihnen verstoffwechselt und dem Biosynthesekreislauf wieder zugeführt. Dadurch entsteht ein kleines Ökosystem, was der möglichen Anwesenheit von Parasiten und ungebetenen Bakterien durch das Konkurrenzprinzip entgegenwirkt und einen gefährlichen Keimdruck schmälert.

Die Höhe der Bodenschicht reicht in meinen Terrarien von 10–30 cm, bei den Weibchen sogar

WUSSTEN SIE SCHON?

Ficus-Arten gelten als gering giftig. Der Milchsaft kann, falls er in die Augen des Chamäleons gelangt, erhebliche Verletzungen hervorrufen. Dennoch habe ich seit knapp 15 Jahren keinen derartigen Vorfall erlebt und trotz starken Abweidens durch teilweise herbivore Arten wie dem Jemenchamäleon (*Chamaeleo calyptratus*) und dem Grünen Leguan (*Iguana iguana*) auch keine toxischen Erscheinungen bei meinen Tieren feststellen können. Daher bestücke ich meine Becken weiterhin mit diesen Pflanzen.

stellenweise bis zu 50 cm. Eine üppige Bepflanzung des Beckens trägt, zusätzlich zum Boden, zu einem guten Mikroklima bei und bietet zugleich wichtige Versteck- und Rückzugsmöglichkeiten. Zur Bepflanzung dürfen nur ungiftige und ungespritzte Pflanzen ausgewählt werden.

Neu gekaufte Pflanzen stelle ich vor dem Einbringen ins Terrarium im Sommer für 2–3 Tage nach draußen in den Regen. Vorher trage ich noch die oberste Erdschicht ab und ersetze sie durch ungedüngte Terrarienerde. Damit sollte gewährleistet sein, dass Pestizide und andere unerwünschte Stoffe (z. B. Styroporkügelchen) nicht ins Terrarium gelangen.

Als Klettermöglichkeit werden Äste, deren Rinde rau sein sollte und deren Umfang die Chamäleons mit ihren Füßen umfassen können, horizontal im Terrarium platziert.

Bei einigen Terrarien verwende ich Schwarz- oder Naturkorkplatten, die primär als Sichtschutz dienen, aber ebenfalls die Klettermöglichkeiten erhöhen.

Die oberste Erdschicht wird mit Laub bedeckt

Technik

Für die sonnenliebenden Pantherchamäleons spielt die Beleuchtung eine besonders wichtige Rolle. Für die Grundhelligkeit der Terrarien benutze ich je nach

Beckengröße eine oder Tageslicht-LED-Lampen. Zur Schaffung von Sonnenplätzen und als UV-Quelle werden zusätzlich mit externen Vorschaltgeräten betriebene Metalldampflampen wie die „Bright Sun“ von Lucky Reptile oder die „SolarRaptor“ von Econlux eingesetzt. Bei kleineren Aufzuchtbecken (bis 50 × 50 × 80 cm) verwende ich einen 35-W-Strahler („Bright Sun UV Jungle Flood“ von Lucky Reptile), bei größeren Becken Strahler bis 70 Watt („SolarRaptor UV-HID-Lamp Flood“ von Econlux). Je nach Beckengröße und Temperaturgefälle setze ich noch einen

WUSSTEN SIE SCHON?

Obwohl man über die Bedeutung von UV-A- und UV-B-Strahlung für unsere Terrarientiere weiß (u. a. innerartliche Erkennung, Vitamin-D_3-Synthese), herrschen unter Haltern unterschiedliche Meinungen, ob eine Bestrahlung mit UV-Licht notwendig ist. In der Arbeit von Böttcher (2007) wurden verschiedene im Terraristikfachhandel erhältliche Lampentypen, die UV-Licht abgeben, untersucht und verglichen. Zwar geht es in der genannten Arbeit um Schildkröten, doch lässt sich sicher ableiten, dass viele dieser Lampen nur einen eher geringen Effekt bringen. Hinsichtlich Chamäleons ist zudem zu beachten, dass einige dieser Lampen das UV-Licht in einem für diese Tiere nicht relevanten Spektrum abgeben und somit die fotochemischen Reaktionen in der Haut nicht effektiv initiieren können (bei Chamäleons um ca. 300 nm). Zudem ist umstritten, ob man den Tieren besser kontinuierlich eine geringe UV-Strahlung oder aber kurze und intensive Intervalle anbieten soll.

Unterschiedliche Lampentypen für das Pantherchamäleon-Terrarium: Osram Vitalux, Osram PAR 38, BrightSun und Solar Raptor (von links nach rechts)

Um Verbrennungen zu vermeiden, sollten Lampen außerhalb der Reichweite der Tiere angebracht sein

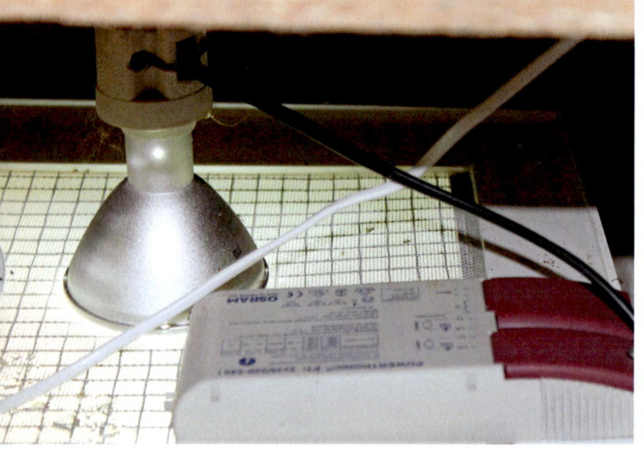

Spotstrahler (Concentra PAR 38; 60 W, Osram) für einen lokalen Wärmeplatz ein.

Die Temperatur liegt am Tage in den oberen Bereichen der Terrarien bei ca. 25 °C, am Boden bei 22 °C (Zimmertemperatur). Unter der lokalen Wärmestelle steigen die Temperaturen auf knapp über 30 °C, und nachts liegen die Temperaturen bei etwa 16–22 °C. Die LED-Lampen sind in den Sommermonaten 14 Stunden und in den Wintermonaten 12–13 Stunden täglich in Betrieb.

Seit einigen Jahren verwende ich zusätzlich zu den oben genannten Metalldampflampen die „Osram-Ultra-Vitalux" (300 W). Diese wird alle drei Tage in einem Abstand von ca. 60–80 cm für eine halbe bis dreiviertel Stunde zugeschaltet. In den Sommermonaten erhalten meine Chamäleons zusätzlich ungefiltertes Sonnenlicht in ihren Freiluftbecken. Somit biete ich verschiedene UV-Quellen unterschiedlicher Intensität an. Es ist jedoch darauf zu achten, dass die Tiere immer die Möglichkeit haben, sich auch zurückzuziehen und der Strahlung auszuweichen.

Pflegearbeiten

Der Aufwand für die Pflegearbeiten ist letztlich von der Beckengröße, Einrichtung, Anzahl der gepflegten Tiere sowie dem „Putzbedürfnis" des Halters abhängig. Die meisten meiner großen und dicht bepflanzten Becken sind quasi autark, denn die mit dem Bodengrund eingebrachten Kleinstlebewesen dienen als „Putzkolonne" und beseitigt die täglichen Hinterlassenschaften der Chamäleons. Da die Kotmenge überschaubar und von Kel-

lerasseln und Co. meist nachts komplett verstoffwechselt wird, ist zudem kaum eine Geruchsbelästigung wahrnehmbar.

Je nach Empfindlichkeit des Pflegers kann das Putzen der Frontscheiben, neben dem Sprühen und dem Füttern, den größten Teil der Pflegearbeiten in Anspruch nehmen. Zur Säuberung der Scheiben eignen sich z. B. Zitronensäure oder Essig (bei Kalkablagerungen) und Wasser.

WICHTIG!

Viele früher gängige Leuchtmittel sind durch die EU bereits verboten worden. Andere könnten ab 2027 vor dem Aus stehen, beispielsweise HQI-Strahler. Lassen Sie sich daher von Ihrem Fachhändler beraten, welcher Lampentyp für Ihren Zweck aktuell zugelassen und geeignet ist.

Die Putzkolonne: Tausendfüßer vermehren sich im Terrarium und reinigen den Bodengrund

Ernährung

PANTHERchamäleons sind insektivor. Gelegentlich werden zwar auch Früchte, Blüten oder lignifizierte Pflanzenstückchen (Rinde, Kork etc.) aufgenommen, doch spielen diese nur eine untergeordnete Rolle (LUTZMANN 2007). Der Speiseplan sollte ausgewogen und abwechslungsreich sein, wobei die Futtertiere, wichtig gerade bei jungen Chamäleons, nicht größer als die Maulöffnung des Pfleglings sein sollten. Hierdurch kann man unnötige Risiken, wie z. B. Erstickung oder Bisse durch wehrhafte Futtertiere, vermeiden.

DER PRAXISTIPP

Um möglichst hochwertiges Futter anzubieten, sollten alle Futtertiere aus den Verkaufsboxen in leicht zu reinigende und ausbruchsichere Plastikboxen überführt werden und kurz vor dem Verfüttern mit Löwenzahn, Möhren, Klee etc. angefüttert werden. Auf diese Weise erhalten unsere Chamäleons auch die noch im Magen-Darm-Trakt der Futtertiere befindlichen wichtigen pflanzlichen Substanzen.
Fliegen kann man zur Aufwertung ihres Futtergehaltes mit einem Mix aus gleichen Teilen Frubiase und Sanostol anfüttern. Die Flüssigkeit gibt man am besten auf einen Wattebausch und legt diesen in die vorher proportionierten Futterboxen, in denen sich die Maden verpuppen.

Für frisch geschlüpfte *F. pardalis* sind Fruchtfliegen (*Drosophila melanogaster* oder *D. hydei*) und Mikroheimchen als Basisfutter gut geeignet. Zusätzlich kann man weitere wirbellose Tiere wie z. B. Ofenfischchen, Erbsenblattläuse, Bohnenkäfer, Wachsmotten und deren Larven, kleine Schaben (*Shelfordella tartara*), Stubenfliegen, frisch geschlüpfte Heuschrecken, Larven der Schwarzen Soldatenfliege und Wiesenplankton anbieten. Mit zunehmendem Wachstum der Chamäleons kann man auch das Angebot an Futtertieren und deren Größe erweitern, da häufig das instinktive Verschmähen von „schwarzen" Futtertieren (z. B. Grillen, aber auch Heuschrecken), die sich durch einen härteren Chitinpanzer auszeichnen, mit zunehmendem Alter wegfällt. Hier wären vor allem Mehlkäfer, Mittelmeer- und Steppengrillen zu nennen. Die Larven der Schwarz- und Mehlkäfer werden wegen ihres ungünstigen Nährwertes nur selten angeboten. Besser als Basisfutter eignen sich für adulte Pantherchamäleons die relativ fettarmen, mit einem ausgewogenen Kalzium-Phosphor-Verhältnis und höheren Proteingehalt ausgestatteten Argentinischen Waldschaben (*Blaptica dubia*). Aber auch Heimchen, Grillen oder Heuschrecken können als Grundfutter angeboten werden.

Jungtiere werden täglich gefüttert. Je nach Individuum und dessen Fresseigenschaften gebe ich ca. 2–3, dem Tier angepasste Basisfuttertiere (Heimchen, Heuschrecken, Ofenfischchen, Schaben) sowie etwa 5–10 Fruchtfliegen in das Terrarium. Werden diese Tiere gierig verschlungen, kann die Futtermenge etwas erhöht werden. Sind bis zum nächsten Tag jedoch noch Futtertiere übrig geblieben, so wird die Futtermenge entsprechend verringert. Ein Mal pro Woche wird bei Jungtieren bis zu einem Alter von ungefähr drei Monaten ein Fastentag eingelegt. Die Anzahl der Fastentage erhöht sich dann mit voranschreitendem Lebensalter. Jungtiere ab vier Monaten werden nur noch jeden zweiten Tag gefüttert.

Adulte Pantherchamäleons erhalten als Grundfutter individuell alle 3–5 Tage als einzelne Mahlzeit höchstens eine Schabe, zwei Heimchen und 1–2 subadulte Heuschrecken. Mit diesen Futterpausen habe ich bisher nur positive Erfahrungen gemacht, jedoch spräche auch nichts gegen eine tägliche Fütterung mit der einer reduzierten Futtermenge und einem Fastentag pro Woche.

Die Futtertiere können noch mit einem Vitamin- und Mineralstoffpräparat bestäubt werden. Da gerade die fettlöslichen Vitamine (E, D, K und A) ab einer bestimmten Konzentration nicht nur förderlich für den Organismus sind, sondern sogar toxisch wirken (Hypervitaminose), sollte eine Überdosierung vermieden werden. Gute Erfahrungen habe ich mit Korvimin ZVT oder Herpetal und geriebenem Sepiaschulp gemacht. Pauschal bestäube ich das Futter bei Jungtieren und trächtigen Weibchen (hier vor allem mit Kalzium) bei jeder zweiten bis dritten Fütterung, bei adulten Tieren ein Mal alle zwei Wochen.

Vor allem Heimchen und Mittelmeergrillen stellen die Hauptnahrung dar

Feuchtigkeit und Trinkwasser

DA Pantherchamäleons ihren Wasserbedarf fast ausschließlich durch das Auflecken von Wassertropfen decken, empfiehlt es sich, bei größeren Terrarien eine Regenanlage zu installieren, deren Sprühintervalle beliebig eingestellt werden können. Ich wähle lieber viele kurze (5 × á 20 Sekunden) und wenige längere Intervalle (2 × á 120 Sekunden) als nur einen ganz langen Sprühvorgang. Die Luftfeuchtigkeit in meinen Terrarien beträgt zwischen 55 und 100 %,

Wasser wird fast ausschließlich über Tropfen von Blättern aufgenommen

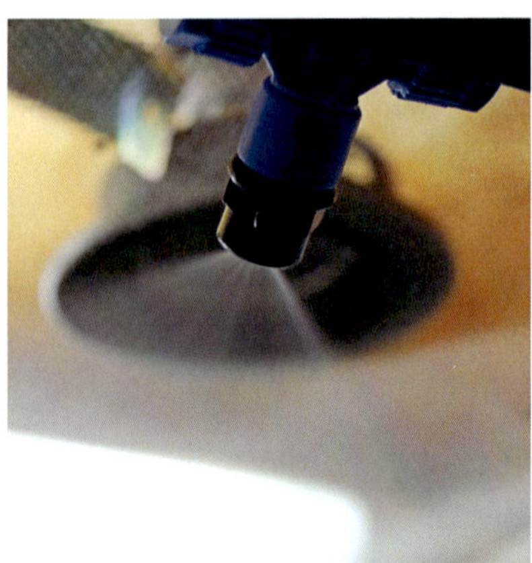

Eine Regenanlage unterstützt die tägliche Arbeit

Gesundheit

LEIDER ist es nicht einfach, bei einem erkrankten Chamäleon eine frühzeitige Diagnose zu stellen. Nicht selten kommt es vor, dass ein Chamäleon scheinbar gesund auf dem Ast sitzt und plötzlich innerhalb kürzester Zeit so drastisch abbaut, dass es bereits nach wenigen Stunden verstorben ist. Trotz eines Ausschlussprinzips möglicher Haltungsfehler oder einer anschließenden Sektion bleibt die Todesursache häufig ungeklärt. Stellt man erst einmal ein ungewöhnliches Verhalten bei seinem Chamäleon fest, wie Apathie, Abmagerung, Futterverweigerung, eingefallene Augen, verkrümmte wobei das absolute Maximum direkt nach dem Sprühen erreicht wird und nach ca. einer halben Stunde schon auf 80 % gefallen ist. Da kurz vor dem Ausschalten der Beleuchtung noch einmal intensiv gesprüht wird, liegt die Luftfeuchtigkeit nachts bei ca. 85 %. Bei einem einzelnen Terrarium kann man auch auf normale Sprühflaschen, die man in jedem Baumarkt erhält, zurückgreifen. Dabei sollte man auch hier lieber ein Mal mehr als ein Mal zu wenig sprühen.

Handsprühflaschen reichen aber meist für einzelne Becken aus

Beine o. Ä., ist es häufig bereits zu spät für das Tier. Von daher gilt es, Krankheiten vorzubeugen und Stress für das Chamäleon zu vermeiden.

Sollte ein Pantherchamäleon erkranken, so sollte es schnellstmöglich einem reptilienkundigen Veterinär vorgestellt werden. Eine Liste solcher Tierärzte kann über die DGHT (siehe „Weitere Informationen“) bezogen oder auf deren Internetseite (www.dght.de) eingesehen werden.

Die Prävention beginnt schon bei der Auswahl des Chamäleons und der Überführung in das Quarantänebecken. Wie schon beschrieben, sollte das Verhalten des Tieres beobachtet und der

Alte Häutungsreste, wie hier am Vorderfuß des Tieres, können Gliedmaßen abschnüren

Kot untersucht werden. Gerade bei Durchfällen ist von einer parasitären Ursache auszugehen. Zu den häufigsten Endoparasiten bei Chamäleons gehören die Nematoden, z. B. Oxyuren (Madenwürmer), Askariden (Spulwürmer) und Filarien (Fadenwürmer) sowie Protozoen (Kokzidien, Flagellaten und Amöben).

Seltener können auch Ektoparasiten wie Milben oder Zecken auftreten.

Verschiedene Organkrankheiten können durch eine bakterielle oder parasitäre Infektion verursacht werden. Häufig werden sie jedoch durch Haltungsfehler verursacht. Bei Wassermangel kann es, in Verbindung mit übermäßiger proteinreicher Fütterung, zu Nierenversagen oder Gicht kommen. Grundsätzlich sind Nierenerkrankungen nur sehr schlecht zu behandeln. Gichterkrankungen äußern sich durch eine Verdickung eines oder mehrerer Gelenke, was besonders gut an Beinen und Füßen zu erkennen ist. Bei übermäßiger und zu fett- und eiweißreicher Fütterung sowie einer geringen Flüssigkeitsaufnahme kann es auch zu einer Leberverfettung sowie zu Verstopfungen kommen.

Bei unzureichender UV-B-Beleuchtung sowie zu vitamin- und mineralstoffarmer Ernährung kann es zu rachitischen Erkrankungen kommen. Vor allem bei raschem Wachstum und einer gleichzeitigen Unterversorgung an essenziellen Stoffen, insbesondere mit Vitamin D_3 und Kalzium, treten diese Krankheitsbilder auf. Mangelerscheinungen können sich beim Pantherchamäleon neben Knochendeformationen und Brüchen in unkoordinierten, „geschwächten“ Bewegungen äußern.

Bakterielle Infektionen der Lunge können sich durch Nahrungsverweigerung, Schleim im Maul sowie ein ständig geöffnetes Maul mit tiefen, hörbaren Atemgeräuschen trotz niedriger Temperaturen, äußern. Der Verlauf einer Lungenentzündung ist für das

Chamäleon nicht ungefährlich und sollte durch einen Tierarzt behandelt werden. Die Ursachen liegen meist in Haltungsfehlern (Zugluft, Stress etc.), die einfach behoben bzw. von vornherein vermieden werden können.

Eine häufige Todesursache bei Weibchen ist die Legenot. Sie kann durch unzureichende Eiablageplätze, Vitamin- und Nährstoffmangel (Kalzium) oder Stress hervorgerufen werden. Die klassische Legenot kann meist rechtzeitig durch den Halter erkannt und entsprechend durch die Schaffung geeigneter Eiablagestellen, Ruhe, Einzelhaltung, Abhängen des Terrariums durch Tücher sowie kalziumreiche Ernährung vermieden werden. Schwieriger gestaltet es sich, wenn die Legenot z. B. durch zu große oder deformierte Eier, die den Legedarm nicht mehr passieren können, ausgelöst wird. Eine präovulatorische Legenot tritt oft bei unverpaarten und jungen Weibchen auf, die ein unbefruchtetes Gelege angesetzt haben. Hierbei reifen zu viele Eifollikel gleichzeitig in den Eierstöcken heran. Diese können sich nicht weiterentwickeln und auch nicht vom Körper resorbiert werden, sodass sie langsam den gesamten Bauchraum ausfüllen und ohne Behandlung zwangsläufig zum Tod des Chamäleons führen würden. Eine Legenot kann mittels Röntgen oder Sonografie durch den Tierarzt diagnostiziert und chirurgisch behoben werden.

Bei Kalzium- oder Vitaminmangel kann es auch zur Schwächung des Zungenapparates kommen, in schlimmen Fällen bis hin zur Lähmung desselben. Durch einen Unfall – z. B. wenn sich die Zunge versehentlich um einen Ast gewickelt hat oder wenn sich zwei Tiere beim „Futterschießen“ gegenseitig verletzt haben – kann es nötig werden, dass die Zunge vom Tierarzt amputiert werden muss. Adulte und kräftige Tiere

Unbefruchtetes Gelege, das zu einer präovulatorischen Legenot führte, an der dieses Weibchen letztlich einging

Eine nicht zu unterschätzende Gefahr für junge Chamäleons stellen Spinnen aus der Familie der Haubennetz- oder Kugelspinnen (Theridiidae) dar. Die aggressiven Spinnen können große Beutetiere mit ihrem Gift lähmen und töten. Obwohl die Aufzuchtbecken regelmäßig kontrolliert und die von den Spinnen bevorzugten Ecken frei gehalten werden, sind dennoch bereits einige Chamäleonjungtiere diesen Spinnentieren zum Opfer gefallen. Gerade in größeren Zuchtanlagen bekommt man diese Spinnen, die möglicherweise mit Kork etc. als „blinde Passagiere“ eingeschleppt werden können, kaum wieder weg.

Große Spinnen stellen auch für Chamäleonjungtiere eine Gefahr dar

überstehen diese Prozedur aber meist gut und lernen schnell, Futter direkt aus der Hand des Pflegers mit dem Maul zu greifen.

Hautkrankheiten weisen häufig auf suboptimale Haltungsbedingungen hin. Da die oberste Hautschicht (Epidermis) verhornt ist und deswegen nicht mitwachsen kann, müssen sich die Tiere in unterschiedlichen Abständen häuten. Bei Häutungsschwierigkeiten, die mehrere Tage andauern, kann es sein, dass das Chamäleon zu trocken oder zu feucht gehalten wird. Alte Hautfetzen sollten vorher etwas mit warmem Wasser eingeweicht und dann vorsichtig mit Fingern oder einer Pinzette entfernt werden. Besonders an den Gliedmaßen oder der Schwanzspitze kann es ansonsten zu Abschnürungen durch die alte Haut kommen. Zudem können sich unter den Hautresten Pilze und Bakterien ausbreiten. Dies ist auch gehäuft bei Tieren zu sehen, die großem Stress ausgesetzt sind und deren Immunsystem dadurch nicht mehr optimal funktioniert.

Die Haut kann aber auch durch zu große Hitzeeinwirkung oder zu viel UV-Licht (Sonnenbrand) lokal verbrennen. Daher sollten alle Lampen außerhalb des Be-

ckens angebracht oder mit einem Schutzkorb versehen werden. Auch von Strahlern, die punktuell eine zu hohe Wärme entwickeln, würde ich abraten und besser welche mit einem größeren Strahlungswinkel verwenden. Auch sollten der Abstand zwischen Strahlungsquelle und Sonnenast bzw. die dort erreichten Temperaturen vorher gründlich geprüft werden. Je nach Schädigungsgrad können leichte Verbrennungen mit einer Lebertransalbe behandelt werden. Bei schweren Verbrennungen ist jedoch der Tierarzt aufzusuchen.

Lokale Verbrennung durch zu hohe Hitzeeinwirkung einer Spotlampe

Wie in der Einleitung dieses Kapitels bereits erwähnt, kann Fressunlust ein Anzeichen einer Erkrankung des Pantherchamäleons sein. Da aber einige adulte Exemplare auch saisonal oder kurz vor der Eiablage eine natürliche Futterpause einlegen, sollte auf keinen Fall eine Zwangsfütterung mit schwer verdaulichen Wachsmaden oder Ähnlichem vorgenommen werden. Dies würde eine zusätzliche Belastung für den Organismus darstellen. Es ist ratsam, das Chamäleon in solchen Fällen zu wiegen, um zu überprüfen, ob es tatsächlich an Gewicht abgenommen hat. Sollte dies der Fall sein, ist der Tierarzt zu konsultieren. Liegt jedoch eine natürliche und selbst gewählte Futterpause vor, fangen die adulten Tiere nach 2–3 Wochen meist wieder von selbst an zu fressen. Durch ihren relativ langsamen Stoffwechsel können die Tiere solche Zeiträume problemlos überbrücken.

Parasitischer Fadenwurm (Filarie), der unter der Chamäleonhaut lebte

Voraussetzungen zur Nachzucht

DIE Geschlechtsreife tritt, abhängig von Haltungstemperatur und Nahrungsangebot, im Alter von ungefähr acht Monaten ein. Bei Weibchen warte ich jedoch mit der ersten Verpaarung, bis die Tiere mindestens ein Jahr alt sind.

In der Natur unterliegen Pantherchamäleons einem saisonalen Rhythmus, der im arideren Westen mit den laubabwerfenden Trockenwäldern stärker zum Tragen kommt als im feuchteren Osten Madagaskars. Im Westen beginnt die Paarungszeit im Dezember, im Osten bereits schon im November. Sie endet jeweils im April. In dieser für beide Geschlechter energiezehrenden Zeit legen die Weibchen für gewöhnlich zwei Gelege. Die darauffolgende Trockenzeit überlebt nur ein kleiner Teil der adulten Pantherchamäleons (ANDREONE et al. 2005; LUTZMANN 2007). Die Eier hingegen überstehen diese Trockenheit in den ca. 30 cm tiefen Nestern gut und schlüpfen mit Beginn der nächsten Regenzeit (LUTZMANN 2007). Dies erklärt die relativ lange Inkubationszeit von bis zu einem Jahr. Obwohl die Jungtiere während der Regenzeit optimale Bedingungen vorfinden, erreichen nur 10–40 % von ihnen nach etwa einem halben Jahr die Geschlechtsreife (FERGUSON et al. 2004). Überleben die Tiere die anschließende Trockenzeit, setzt mit Beginn der neuen Regenzeit wieder die Paarungszeit ein, und ein neuer Lebenszyklus kann beginnen. In regenreicheren Gebieten Madagaskars, die nicht so stark von einer Trockenzeit geprägt sind, verschiebt sich dieser Periodizität ein wenig.

Obwohl Pantherchamäleons regelmäßig und in scheinbar großer Anzahl in Menschenobhut nachgezogen werden, sind die Preise für Nachzuchttiere über Jahre annähernd konstant hoch. Dies kann zwar auch an der gestiegenen Nachfrage dieser wunderschönen Tiere liegen, wird aber vermutlich nicht der einzige Grund sein. Vielmehr treten bei einigen Züchtern Phasen ein, in denen sowohl Paarungsaktivitäten der adulten Tiere, Schlupfrate sowie Jungtiersterblichkeit unerklärlicherweise drastisch schwanken. Solche Phasen können über einen längeren Zeitraum andauern, um dann plötzlich, ohne dass eine Änderung der Haltungsparameter vorgenommen wurde, zu enden.

Ausgewachsenes Männchen aus Ambanja

Ausgewachsenes Weibchen kurz nach der Verpaarung

Paarungsverhalten

WIE bereits beschrieben, halte ich meine Pantherchamäleons einzeln und setze sie nur gezielt zur Paarung zusammen. Da Männchen eigentlich ständig paarungsbereit sind, hängt der Erfolg meist mit der Paarungsbereitschaft des Weibchens zusammen. Darum setze ich stets das Männchen in das Terrarium des Weibchens, worauf das übliche Balzverhalten dann meist nahtlos eintritt. Dabei flacht sich das Männchen seitlich ab, um größer und imposanter zu wirken, das Farbkleid gewinnt an Intensität, und das typische Kopfnicken setzt ein. Nicht paarungswillige Weibchen färben sich dunkel und wehren das Männchen, je nach Temperament, mit Fauchen oder Bissen ab. Paarungswillige Weibchen zeigen meist ein neutrales Verhalten und klettern nur langsam vom Männchen weg. Dieses reagiert sofort und versucht, das Weibchen von hinten zu besteigen. Die Paarung verläuft wie bei Chamäleons üblich, indem das Männchen seine Kloakenöffnung unter die des Weibchens schiebt und einen der beiden Hemipenis einführt.

Das Männchen hat ein Weibchen gesehen und zeigt sich gleich von seiner schönsten Seite

Die Kopulation kann von wenigen Augenblicken bis hin zu einer knappen Stunde dauern. Weitere Paarungen können in den nächsten Stunden oder auch Tagen folgen, jedoch werden die

Nachstellungen des Männchens irgendwann vom Weibchen mit seitlichen Kopfstößen abgeblockt. Das Weibchen verändert dann sein Farbenkleid (fast schwarz mit lateralen rosaroten Flecken), und die Tiere sollten spätestens jetzt getrennt werden. Meist reicht bereits eine Kopulation aus, um alle Eier zu befruchten.

Die Paarung kann mehrere Minuten dauern

Trächtigkeit und Eiablage

NACH einer erfolgreichen Paarung ist bei dem Weibchen auf eine besonders ausgewogene Ernährung und Kalziumzufuhr zu achten. Bei sehr stressempfindlichen Weibchen hänge ich die Becken zusätzlich mit Tüchern ab, damit die Tiere völlig ungestört sind. Etwa 25–40 Tage nach der Verpaarung stellt das Weibchen häufig die Futteraufnahme kurz vor der Eiablage komplett ein.

Nach einigen unruhigen Erkundungsgängen führt das Weibchen kurz vor der Eiablage meist einige Probegrabungen aus. Ist es mit der Auswahl des Platzes zufrieden, werden schließlich 20–30 Eier in einer Tiefe von 10–30 cm abgelegt. Meist geschieht dies in den hinteren Ecken des Terrariums oder direkt seitlich an Blumentöpfen oder Wurzelballen. Diese Ablage kann bis zu 48 Stunden und länger dauern. Anschließend wird der Gang wieder zugebuddelt. Nach der energiezehrenden Eiablage erhalten die Weibchen in den kommenden zwei Wochen in besonderem Maße viel Wasser und Ruhe sowie abwechslungsreiches Futter. Meist gehen die Weibchen sofort

Inkubation

DIE Eier werden vorsichtig freigelegt und, ohne sie um die Längsachse zu drehen, in Klarsichtdosen mit feuchtem Vermiculit (Verhältnis Vermiculit : Wasser = 1 : 1,5) in Längslage gebettet. In der Vergangenheit habe ich auch andere Zeitigungssubstrate, wie Perlit, Schwämme, Moos, Sand/Erde-Gemisch, getestet. Die besten Ergebnisse habe ich jedoch mit nicht zu grobem Vermiculit erzielt.

Anfänglich habe ich kleinere Inkubationsdosen (Heimchendosen etc.) genutzt, die aber später durch größere, ca. 5 Liter fassende Klarsichtboxen mit Deckel ersetzt wurden. Durch das größere Volumen ist der relative Wasserverlust in der Regel sehr gering, ein Eintrocknen der Eier kann damit fast ausgeschlossen werden.

Die Dosen mit den Eiern werden anschließend in bereitstehenden Inkubatoren überführt. Hierfür benutze ich umgebaute Kühlschränke,

wieder selbstständig ans Futter, sodass eine Zwangsernährung nur in den seltenen Ausnahmefällen durchgeführt werden muss.

Der Zeitpunkt für eine weitere Verpaarung hängt schließlich vom Zustand des Weibchens ab. In der Natur werden während einer Paarungssaison meistens zwei Gelege in kurzen Abständen abgesetzt, wobei nicht immer eine erneute Verpaarung stattfinden muss, da auch das Pantherchamäleon über eine Möglichkeit der Vorratsbefruchtung (Amphigonia retardata) verfügt.

Häufig erkennt man die Trächtigkeit bereits am Körperumfang des Weibchens

die mit Heizmatten oder Heizkabel temperiert werden. Die Temperatur wird durch ein Thermostat („Biotherm Pro" der Fa. Hobby) geregelt. Die Inkubatoren befinden sich in einem kühlen Keller, in dem die Temperatur auch in den Sommermonaten nicht über 16 °C steigt, womit eine Überhitzung durch sehr hohe Außentemperaturen ausgeschlossen werden kann.

Die Inkubation der Eier habe ich mit unterschiedlichen Temperaturen und Erfolgen getestet:

„Schwitzendes" Ei kurz vor dem Schlupf

Unbefruchtete Eier fangen meist innerhalb kurzer Zeit an zu schimmeln oder fallen ein. Sie sollten unverzüglich aussortiert werden.

1. Inkubation bei konstant 26 °C ohne Nachtabsenkung bis zum Schlupf.
Durchschnittlicher Erfolg; einige Gelege mit kleineren und schwächeren Jungtieren, aus anderen Gelegen jedoch solider Nachwuchs. Schlupfrate schwankt erheblich.
2. Schwankende Zeitigungstemperaturen von 24–28 °C am Tage und eine Nachtabsenkung von 1–5 Grad.
Hierbei scheinen die Jungtiere kräftiger zu sein als jene, die bei konstant hohen Temperaturen erbrütet werden. Gute Schlupfrate.
3. Inkubationstemperatur im ersten Monat bei 23 °C; im zweiten Monat bei 24 °C, im dritten Monat bei 25 °C und ab dem vierten Monat bis zum Schlupf schließlich bei 26 °C. Zusätzlich eine geringe Nachtabsenkung von etwa 0,5–2 Grad während der gesamten Inkubationsdauer. Die Ergebnisse (Schlupfquote bei den meisten Gelegen von fast 95–100 %) sind bisher sehr zufriedenstellend, weshalb ich seit Längerem ausschließlich diese Methode anwende.

Die Inkubationsdauer ist stark von der Temperatur abhängig und schwankt von 160 Tagen bis zu über einem Jahr. Bei der Letzten der oben beschriebenen Zeitigungsmethoden liegt die Inkubationszeit meist zwischen neun und zehn Monaten.

Je nach Feuchtigkeit im Inkubationsbehälter fangen die mittlerweile von etwa 14 × 9 mm und 0,4–0,7 g auf 19 × 13 mm angewachsenen und etwa 2 g schweren Eier kurz vor dem Schlupf an zu „schwitzen". Kurze Zeit später schlitzen die Jungtiere mit ihrem Eizahn die Eihülle an einem Pol sternförmig auf. In dieser Position können sie mehrere Stunden bis zu einem Tag

Ein Jungtier schaut aus dem Ei heraus

im Ei verharren. Anschließend verlassen die ca. 5–6 cm großen und durchschnittlich ca. 1 g schweren Schlüpflinge die Eihülle und führen von dieser Sekunde an ein selbstständiges Leben.

Oft kommt es zu einem Massenschlupf, wobei die Initiative vermutlich durch die Berührung der Eioberfläche durch bereits geschlüpfte Geschwistertiere ausgelöst wird.

Jungtier beim Schlupf

Aufzucht der Jungtiere

ANFANGS zehren die Jungtiere noch vom Dottervorrat, und die erste Futteraufnahme erfolgt manchmal bereits wenige Stunden nach dem Schlupf, häufig aber nach dem ersten oder zweiten Lebenstag.

Die Aufzucht erfolgt, je nach Gelegegröße, am besten einzeln oder bis zu einem Alter von ca. 8–12 Wochen in Gruppen mit 5–10 Tieren. Ich habe die Erfahrung gemacht, dass Hackordnungen innerhalb kleiner Gruppen stärker ausgeprägt zu sein scheinen als in größeren. Es muss jedoch ständig kontrolliert werden, ob sich alle Jungtiere gleich gut entwickeln und keines stressbedingt in der Entwicklung zurückbleibt. Sollte dies der Fall sein, trenne ich die betroffenen Tiere von der Gruppe und überführe sie in Einzelbecken. Die Beckengröße sollte nicht zu groß gewählt sein, da die Jungtiere die winzigen Futtertiere auch sichten und erbeuten sollen. Ich benutze für die Aufzucht unterschiedliche Beckentypen, angefangen von kleinen Glasterrarien (30 × 30 × 40 cm) über Gazeterrarien (40 × 40 × 50 cm) bis hin zu einfachen, umgebauten Plastikboxen. Gute Erfahrungen habe ich mit selbst gebauten Einzelaufzuchtbecken aus Ikea-Boxen (Filur, 42 l) gemacht, die zudem günstig in der Anschaffung sind. In diese Boxen schneide ich mit einem Teppichmesser mehrere Lüftungsflächen, auf die ich mithilfe von Silikon feine Alugaze klebe. Auf diese Weise bringe ich am Deckel zwei größere Gazeflächen (jeweils ca. 10 × 10 cm),

Frisch geschlüpftes Jungtier im Aufzuchtterrarium

an den Seiten (jeweils vier Lüftungslöcher mittels 2-cm-Forstnerbohrer) sowie an der Front weitere Lüftungsflächen (Gazefläche von ca. 4 × 8 cm) an, sodass keine Stickluft entstehen kann.

Da ich bei diesen Aufzuchtbecken eine Bewässerungsanlage einsetze, die mehrmals am Tag für kurze Intervalle (8 × á 10 Sek.) im Einsatz ist, habe ich zusätzlich an der Front Abflusslöcher gebohrt, damit der Bodengrund nicht versumpft. Da die Bodenseite dieser Ikea-Boxen leicht schräg verläuft, nutze ich dies für den Wasserablauf. Das Wasser wird

Behälter für die Einzelaufzucht lassen sich einfach aus Ikea-Boxen (Filur, 28 l) herstellen, die zudem günstig in der Anschaffung sind

Schnell lassen sich aus solchen Ikea-Boxen kleine Aufzuchtanlagen bauen

Halbwüchsiges Pantherchamäleon

dann über die Abflusslöcher und eine Regenrinne in Schmutzwassersammelbehälter geleitet.
Als Einrichtung dienen ein paar dünne Äste und kleine Pflanzen (z. B. *Ficus*-Arten, Farne, Zierspargel etc.). Auf eine Rückwand verzichte ich aus Gründen der besseren und schnelleren Reinigung bewusst. Als Bodengrund verwende ich eine ca. 4 cm hohe Schicht Kokoshumus (gepresste Ziegel aus dem Zoohandel).
Zur Beleuchtung dieser Becken verwende ich LED-Lampen als Grundbeleuchtung sowie eine UV- und eine Wärmespotlampe, natürlich mit einer Wattstärke, die der geringen Größe der Aufzuchtterrarien angepasst ist. Die Spotstrahler werden über ein Thermostat (Biotherm Pro) geregelt. Außerdem setze ich in unterschiedlichen Zeitabständen die „Osram-Ultra-Vitalux" als zusätzliche UV-Quelle ein.
Jungtiere besitzen eine einheitliche Juvenilfärbung. Hier dominieren vor allem braune, weiße und schwarze Farbtöne mit unterschiedlich stark ausgeprägter Muster- und vertikaler Bänderung. Beide Geschlechter sind somit nur recht schwer voneinander zu unterscheiden. Zwar lassen einige Exemplare ihr Geschlecht recht frühzeitig erkennen, bei anderen ist dies dagegen erst kurz vor Eintritt der Geschlechtsreife möglich.

Schlusswort und Danksagung

In erster Linie möchte ich mich bei meiner Familie bedanken, ohne die ich dieses intensive Hobby nicht in dieser Größenordnung ausleben könnte. Daher widme ich dieses Buch dem kleinen Floh Mila. Auch die über das Hobby kennengelernten Freunde und Bekannte, die meinen Wissensfundus durch stundenlange Diskussionen und ihre Mitteilungen erweitert haben, spielen eine wichtige Rolle. Bedanken möchte ich mich u. a. bei: Manfred Au, Wolfgang Böhme, Oktay Eghbal, Derya Emiroglu, Björn Fischbach, Sebastian Gehring, Familie Giering, Kim Heckers, Familie Hilsmann, Torsten Holtmann mit Helga & Team, Yavuz und ZooMed, Nicolá Lutzmann, Christoph Mühlen, Rolf Müller, Thorsten Negro & Team, Stephan Otto, Uli Walbröl, Björn Wolter & HW-Terra, Familie Weikamp, die DGHT-AG Chamäleons sowie vor allem bei denen, die ich in dieser Auflistung unabsichtlich übergangen habe. Außerdem gilt mein Dank auch den Interessenten und Käufern meiner Nachzuchten, ohne deren Feedback, Fragen und Anregungen dieses Buch nicht so zustande gekommen wäre. Besonders möchte ich mich nochmals bei Thorsten Negro für die Bereitstellung der wunderschönen Freilandlandaufnahmen dieser faszinierenden Tiere bedanken. Zum Schluss möchte ich mich beim Natur und Tier - Verlag bedanken – nicht nur wegen der unermüdlichen Geduld, sondern auch für die Veröffentlichung so vieler interessanter herpetologischer Werke.

Pantherchamäleon aus Fenerivo Foto: T. Negro

Weitere Informationen

ZUR Vertiefung der in diesem Buch gegebenen Informationen und zum tieferen Einblick in terraristische und herpetologische Themenbereiche empfehlen sich die Mitgliedschaft in einem Verein gleich gesinnter Terrarianer sowie ein intensives Literaturstudium. Die folgenden Auflistungen sollen dabei behilflich sein, einen Einstieg in die Thematik zu finden, können aber natürlich nur einen kleinen Ausschnitt aufzeigen.

Vereine und Interessengruppen

Die Deutsche Gesellschaft für Herpetologie und Terrarienkunde (DGHT e. V.; www.dght.de) ist die weltweit größte Gesellschaft ihrer Art und bringt Wissenschaftler, Hobbyherpetologen und Terrarianer zusammen. Innerhalb der DGHT existiert die AG Chamäleons, die sich auch mit Pantherchamäleons beschäftigt und jährliche Fachtagungen veranstaltet.

Zeitschriften

- REPTILIA

Terraristik-Fachmagazin
Natur und Tier - Verlag GmbH
An der Kleimannbrücke 39/41
48157 Münster
Tel.:0251-133390
E-Mail: verlag@ms-verlag.de

- elaphe

(nur für Mitglieder der DGHT)

Untersuchungsstellen

Kotproben, Sektionen und andere Untersuchungen können von spezialisierten Tierärzten oder von veterinärmedizinischen Untersuchungsstellen vorgenommen werden, die es in vielen Städten gibt.
Eine Liste mit Tierärzten, die sich mit Reptilien und Amphibien beschäftigen, kann über die DGHT bezogen oder auf www.dght.de eingesehen werden.
Überregional bekannt sind z. B. folgende Einrichtungen:

- exomed (www.exomed.de)
- LABOKLIN (www.laboklin.de)
- Landesbetrieb Hessisches Landeslabor (www.lhl.hessen.de)

Artenschutzfragen

Bundesamt für Naturschutz
Konstantinstr. 110
53179 Bonn

Tel.: 0228-8491-0
Fax: 0228-8491-9999

Home: www.bfn.de
E-Mail: info@bfn.de

Verwendete und weiterführende Literatur

ANDREONE, F., J.E. RANDRIANIRNA, P.D. JENKINS & G. APREA (2000): Species diversity of Amphibia, Reptilia and Lipotyphla (Mammalia) at Ambolokopatrika, a rainforest between the Anjanaharibe-Sud and Marojejy massifs, NE Madagascar. – Biodiversity and Conservation 9: 1587–1622.

–, F.M. GUARINO & J.E. RANDRIANIRINA (2005): Life history traits, age profile, and conservation of the panther chameleon, *Furcifer pardalis* (CUVIER, 1829), at Nosy Be, NW Madagascar. – Tropical Zoology 18: 209–225.

BÖTTCHER, M. (2007): Die Versorgung von Reptilien in der Terrarienhaltung mit ultraviolettem Licht. – Elaphe 15(1): 32–37.

FERGUSON, G.W., J.B. MURPHY, J.-B. RAMANAMANJATO & A.P. RASELIMANANA (2004): The Panther Chameleon – Color Variation, Natural History, Conservation, and Captive Management. – Krieger Publishing Company, Malabar, 125 S.

GEHRING, P.-S. (2005): Raumnutzung und Aktivitätsmuster bei Pantherchamäleons (*Furcifer pardalis* [CUVIER, 1829]) – Auswertung radiotelemetrischer Daten. – Staatsexamensarbeit, Universität Bielefeld.

GLAW, F. & M. VENCES (1994): A Fieldguide to the Amphibians and Reptiles of Madagascar. – 2nd edition including mammals and freshwater fish. – M. Vences & F. Glaw Verlag, Köln, 480 S.

KLAVER, C. & W. BÖHME (1986): Phylogeny and classification of the Chamaelonidae (Sauria) with special reference to hemipenis morphology. – Bonn. Zool. Monogr. 22: 5–60.

KOBER, I. & A. OCHSENBEIN (2006): Jemenchamäleon und Pantherchamäleon – Pflege, Zucht und Lebensweise. – Kirschner & Seufer Verlag, Rheinstetten, 142 S.

LIEBEL, K. & W. SCHMIDT (2000): Madagaskar – Naturreiseführer. – Natur und Tier - Verlag, Münster, 272 S.

LUTZMANN, N. (2004): Masoala – das Auge des Waldes. – DRACO 19: 30–36.

– (2006): Untersuchungen zur Ökologie der Chamäleonfauna des Nationalparks Masoala in Nordost Madagaskar. – Dissertation Universität Bonn.

MÜLLER, R., N. LUTZMANN & U. WALBRÖL (2004): *Furcifer pardalis* – das Pantherchamäleon. – Natur und Tier - Verlag, Münster, 127 S.

NEČAS, P. (2004): Chamäleons – Bunte Juwelen der Natur. 3. Auflage. – Edition Chimaira, Frankfurt a. M., 382 S.

RAXWORTHY, C.J. (2003): Introduction to the Reptiles. – The University of Chicago Press, Chicago: 934–949.

RIMMELE, A. (1999): Vorstellung der in der Zuchtgemeinschaft Chamaeleonidae gezüchteten Chamäleons – Teil VI: Erkenntnisse aus der mehrjährigen Pflege und Zucht sowie einige Freilandbeobachtungen am Pantherchamäleon, *Furcifer pardalis* (CUVIER, 1829). – Sauria 21(2): 27–36.

SCHMIDT, W., K. TAMM & E. WALLIKEWITZ (2000): Chamäleons – Drachen unserer Zeit. 2. Auflage. – Natur und Tier - Verlag, Münster, 160 S.

STEGEMANN, T. (2000a): Vom Farbenspiel der Chamäleons. – DRACO 1: 25–28.

– (2000b): Die Zunge der Chamäleons. – DRACO 1: 29–31.

TILBURY, C. (2010): Chameleons of Africa. – Edition Chimaira, Frankfurt am Main, 831 S.

Internetquellen

www.pantherchameleon.de
www.reptilientierarzt.de

Pantherchamäleon von Nosy Boraha
Foto: T. Negro

Bücher für Ihr Hobby

Pantherchamäleons, Lokalformen • Lebensweise • Verbreitung
P.-S. Gehring & T. Althaus

152 Seiten, 231 Farbfotos, Format: 16,8 x 21,8 cm, Softcover
4. Auflage

ISBN 978-3-86659-307-7
29,80 €

Das Pantherchamäleon (*Furcifer pardalis*) zählt zu den eindrucksvollsten und farbenprächtigsten Chamäleons auf Madagaskar. In jahrelangen Recherchen haben die Autoren Philip-Sebastian Gehring und Thomas Althaus zahlreiche Pantherchamäleons der verschiedenen Lokalformen aufgespürt und in ihren natürlichen Lebensräumen entlang der gesamten Nordküste Madagaskars beobachtet.

Furcifer pardalis
Das Pantherchamäleon

R.Müller, N. Lutzmann, U. Walbröl

128 Seiten, 123 Fotos, 1 Karte
Format: 16,8 x 21,8 cm
Softcover
26,80 €

ISBN 978-3-931587-92-5

Chamaeleo calyptratus
Das Jemenchamäleon

W. Schmidt

95 Seiten, 98 Farbfotos
Format: 16,8 x 21,8 cm
Softcover
19,80 €

ISBN 978-3-86659-087-8

Chamäleons
Drachen unserer Zeit

W. Schmidt, K. Tamm,
E. Wallikewitz

336 Seiten, 412 Farbfotos,
Format: 16,8 x 21,8 cm
Softcover
39,80 €

ISBN 978-3-86659-133-2

Natur und Tier - Verlag GmbH
An der Kleimannbrücke 39/41 · 48157 Münster
Telefon: 0251 - 13339-0 · Fax: 0251 - 13339-33
E-Mail: verlag@ms-verlag.de

www.ms-verlag.de